사이언스 리더스

위험해,
산불이다!

캐시 퍼갱 지음 | 송지혜 옮김

비룡소

캐시 퍼갱 지음 | 미국 뉴욕주에 살면서 어린이책을 쓰고, 교사가 참고할 수 있는 교육 자료를 만든다. 예술가 남편과 두 아들, 귀여운 강아지와 함께 살고 있다.

송지혜 옮김 | 부산대학교에서 분자생물학을 전공하고, 고려대학교 대학원에서 과학언론학으로 석사 학위를 받았다. 현재 어린이를 위한 과학책을 쓰고 옮기고 있다.

이 책은 몬태나 대학교 소방 센터와 미국 산림청 미줄라 소방과학연구소의 일라나 에이브러햄슨, 메릴랜드 대학교의 독서교육학과 교수 마리엄 장 드레어가 감수하였습니다.

내셔널지오그래픽 키즈 사이언스 리더스
LEVEL 3 위험해, 산불이다!

1판 1쇄 찍음 2024년 12월 20일 1판 1쇄 펴냄 2025년 1월 15일
지은이 캐시 퍼갱 옮긴이 송지혜 펴낸이 박상희 편집장 전지선 편집 임현희 디자인 천지연
펴낸곳 (주)비룡소 출판등록 1994.3.17.(제16-849호) 주소 06027 서울시 강남구 도산대로1길 62 강남출판문화센터 4층
전화 02)515-2000 팩스 02)515-2007 홈페이지 www.bir.co.kr 제품명 어린이용 반양장 도서 제조자명 (주)비룡소
제조국명 대한민국 사용연령 3세 이상 ISBN 978-89-491-6922-4 74400 / ISBN 978-89-491-6900-2 74400 (세트)

사진 저작권 GI: Getty Images; NGC: National Geographic Creative; SS: Shutterstock
Cover, Mark Thiessen/NGC; 1, Michael Routh/Ambient Images/Newscom; 3, Vince Streano/Corbis; 4-5, Jonathan Blair/Corbis; 6-7, Sean M. Haffey/U-T San Diego/Zuma Press; 7 (UP), Stone Nature Photography/Alamy; 8, Wild Horizons/UIG/GI; 9 (UP), Giovanni Isolino/AFP/GI; 9 (LO), David De Lossy/Ocean/Corbis; 11 (UP), Wild Horizons/UIG/GI; 11 (LE), roundstripe/SS; 11 (RT), Pakhnyushchy/SS; 11 (CTR), Jag_cz/SS; 12 (UP), Moment Open/GI; 12 (LO), Mark Thiessen/NGC; 13, FORGET Patrick/SAGAPHOTO.COM/Alamy; 14, NASA/MODIS Rapid Response Team; 15, Jason Edwards/NGC; 16, Patrick J. Endres/AlaskaPhotoGraphics/Corbis; 17 (UP), Anup Shah/Corbis; 17 (LO), Jiri Lochman/Lochman Transparencies; 18, Stan Navratil/All Canada Photos/Corbis; 20 (LE), courtesy of Kathy Furgang; 20 (RT), photogal/SS; 21, Sumio Harada/Minden Pictures; 22-23, Rich Reid/NGC; 24 (UP), Wallace Garrison/Photolibrary RM/GI; 24 (CTR), Jag_cz/SS; 24 (LO), Marie Read/Nature Picture Library; 25 (UP), Kevin Steele/Aurora Creative/GI; 25 (CTR), J. Michael Johnson/NPS; 25 (LO), Sascha Preussner/SS; 26-27, Mike McMillan/spotfireimages.com; 28, AP Images/The Daily Courier/Les Stukenberg; 29, Michael S. Yamashita/Corbis; 29 (INSET), David McNew/GI; 30 (UP), Mark Thiessen/NGC; 30 (LO), Vince Streano/Corbis; 31 (BOTH), Mark Thiessen/NGC; 32 (UP), Tyler Stableford/Stone Sub/GI; 32 (LO), J. Michael Johnson/NPS; 33 (UP), courtesy of The Fire Center; 33 (CTR), Rick D'Elia/Corbis; 33 (LO), ZUMA Press, Inc/Alamy; 34-35, Steve Bloom Images/Alamy; 34 (UP), Bettmann/Corbis; 34 (LO), AP Images/Schalk van Zuydam; 35 (UP), AP Images/stringer; 35 (LO), WW/Alamy; 36, Jason Edwards/NGC; 37, Tom Murphy/NGC; 38, Jack Dykinga/Nature Picture Library; 38 (INSET), Michael S. Quinton/NGC; 39, Tom Murphy/NGC; 41, Richard Barnes/Otto Archive; 42, FreezingRain/iStockphoto; 43 (LE), K.J. Historical/Corbis; 43 (RT), Smokey Bear images used with the permission of the USDA Forest Service; 44 (1A), Wild Horizons/UIG/GI; 44 (1B), roundstripe/SS; 44 (1C), Pakhnyushchy/SS; 44 (2A), Laurie Straatman/SS; 44 (2B), Jiri Lochman/Lochman Transparencies; 44 (2C), Larry West/Photo Researchers RM/GI; 44 (2D), Jeremy Woodhouse/StoneSub/GI; 44 (LO), Mint Images RM/GI; 45 (UP), Don Despain/Alamy; 45 (CTR RT), Yves Marcoux/First Light/Corbis; 45 (CTR LE), James Marvin Phelps/SS; 45 (LO), Phil McDonald/SS; 46 (UP), Claus Meyer/Minden Pictures; 46 (CTR LE), Moment Open/GI; 46 (CTR RT), Andrey Armyagov/SS; 46 (LOLE), roundstripe/SS; 46 (LORT), Pakhnyushchy/SS; 47 (UPLE), FORGET Patrick/SAGAPHOTO.COM/Alamy; 47 (UPRT), rdonar/SS; 47 (CTR LE), Radius Images/Corbis; 47 (CTR RT), Rich Reid/NGC; 47 (LOLE), AP Images/Rich Pedroncelli; 47 (LORT), Vince Streano/Corbis; header (THROUGHOUT), Sujono sujono/SS; vocab (THROUGHOUT), blambca/SS

이 책의 차례

불이야, 불!

미국 와이오밍주 로키산맥에 있는 옐로스톤 국립
공원은 관광지로 인기가 많아. 그런데 1988년에
이곳이 사라질 뻔했지 뭐야! 무슨 일이 있었냐고?
공원의 아름다웠던 풍경이 시커멓고 매캐한 연기에
휩싸였던 거야!

어떤 일이나 감정이 갑자기 치솟을 때 우리는 '불붙다'라고 말하지. 이 표현처럼 불은 붙기 시작하면 빠른 속도로 퍼져 나가. 1988년 여름, 옐로스톤 국립 공원에 일어났던 산불처럼 말이야.

산불 용어 풀이
산불: 산에 난 불.
끄기 어려운 큰불로
번지기 쉽다.

처음에 **산불**은 작은 불꽃에서 시작됐어. 하지만 매우 빠른 속도로 번져 나갔지. 공원은 한동안 문을 닫을 수밖에 없었어. 불이 다섯 달 가까이 꺼지지 않았거든. 이 산불로 결국 5600제곱킬로미터가 넘는 공원과 주변 지역이 검게 불타 버렸지.

이런 무시무시한 산불이 자주 일어나는 건 아니야.
하지만 자연에서 불은 종종 일어나. 보통은 작은
불꽃이 일어나다가 자연스럽게 꺼지고 말지만,
때로는 재빨리 크게 번져서 사람이 다치거나 재산
피해를 입기도 해.

미국 캘리포니아주
샌디에이고의 언덕에서
불이 번져 주변 집들이
위험에 처한 모습이야.

산불이 꺼지고 나서야
식물은 다시 자라고
불을 피해 도망갔던
동물들이 돌아오지.

산불이 지나간 자리에는 금세
새싹이 파릇파릇 돋아나.

산불은 어떻게 일어날까?

아무리 큰불도 아주 자그마한 불꽃에서 시작돼.
번개는 가장 흔한 산불의 **발화** 원인이지. 화산에서
흘러나온 뜨거운 용암이 주변의 풀에 닿을 때도 불이
붙어. 또 사람들이 산이나 들에서 함부로
불을 피우다가 그 불이
옮겨붙기도 해.

산불 용어 풀이
발화: 불이 일어나거나
타기 시작함.

깜 짝 과학 발견
번개는 하루에
800만 번 넘게
내리쳐.

불은 어떻게 일어나는 걸까?

연소에는 세 가지 조건이 꼭 필요해.

첫째, 불이 붙을 온도의 **열**이 있어야 해. 종이는 주변이 약 400도가 되면 불이 붙어. 이처럼 불에 닿지 않아도 물질이 타기 시작하는 온도를 발화점이라고 하는데, 발화점은 물질마다 달라.

둘째, **탈 물질**은 불이 계속 탈 수 있도록 에너지가 되어 줘. 자연에서는 나무, 풀, 꽃, 낙엽 등이 탈 물질이 되지.

셋째, 반드시 **산소**가 있어야 불이 붙어.

산불 용어 풀이

연소: 물질이 산소와 만나 빛과 열을 내며 타는 것.

탈 물질: 타는 데 에너지가 되는 물질.

산소: 공기의 주된 성분으로, 사람과 동식물의 생활에 꼭 필요한 기체.

연소의
3가지 조건

열

탈 물질

산소

그렇다면 반대로, 이 세 가지 중 하나라도 없애서
불을 끌 수도 있겠지?

이렇게 일어난 산불은 세 가지 종류로 나뉘어.

지중화

지중화는 땅속에 썩어서 쌓인 나뭇잎과 나무뿌리 등을 느릿느릿 태우면서 나는 산불이야.

지표화

땅바닥을 따라 식물에 옮겨붙으며 번지는 산불을 **지표화**라고 해. 바닥에 있는 잎과 가지들을 태우지.

수관화는 나무 꼭대기까지
빠르게 번지는 산불이야.
바람이 불면 불길의 방향이
확확 바뀌어.

산불 세 가지가 한 번에
일어날 수도
있지.

수관화

깜짝 과학 발견

산불은 1시간에
약 10킬로미터까지
번질 수 있어.

13

산불은 전 세계 곳곳에서 일어나. 특히 덥고 메마른
지역에서 흔히 일어나지. 온도가 높고 건조한
날씨에는 불이 나기 쉽거든.

미국 캘리포니아주에는 가을이 되면 미국 중부
사막에서 부는 건조한 산타아나 바람이 산맥을 넘어와.
산타아나 바람을 탄 산불은 금방 크게 번지고 말지.

캘리포니아주 남부 지역에서 일어난 산불을
인공위성으로 촬영한 거야. 산타아나 바람이 불길을
싣고 이동하면서 연기를 바다로 날려 보내고 있어.

깜짝
과학
발견

산타아나 바람이 불면 작은
불이 눈 깜짝할 사이에
수 킬로미터까지 번지기도 해.

엘니뇨는 태평양 동쪽 바다의 온도가 평소보다 0.5도 이상 올라가는 현상이야. 엘니뇨가 생기면 오스트레일리아의 일부 지역에서는 가뭄이나 산불이 일어날 수 있어.

오스트레일리아에서도 덥고 건조한 기후 때문에 산불이 자주 일어나. 게다가 어떤 지역은 엘니뇨로 평소보다 날씨가 더 덥고 건조해지고 있지. 그래서 요즘 산불이 더 쉽게 일어나고 있대.

불난 숲의 동물들

산불이 나면 동물들은 뛰거나 날아서 잽싸게 도망쳐.
개구리나 거북 같은 작은 동물들은 땅굴을 파고
들어가지. 어떤 동물은 연기와 불길이 사라질 때까지
바위 밑이나 나무 구멍 속에 숨기도 해.

하지만 살쾡이처럼 날렵한 동물에게는 이때가
배를 채우기 딱 좋은 기회야. 산불을 피해 달아나는
동물들을 손쉽게 사냥할 수 있으니까.

산불을 반기는 곤충

다른 동물들이 불을 피해 달아날 때 어떤 곤충은 불을 찾아 나서. 이 중 파이어딱정벌레는 불타는 숲에서 열을 알아채는 특별한 감각 기관을 가지고 있어. 덕분에 불꽃 없이 연기만 내며 천천히 타고 있는 나무를 찾을 수 있지. 파이어딱정벌레는 이 나무껍질 속에 알을 낳아. 탄 나무에서는 나무를 보호하는 '수액'이 나오지 않아서 애벌레가 더 잘 자라거든. 알에서 깨어난 애벌레는 불에 탄 나무를 먹으며 자라지.

홍부리황새는 산불을 피해 도망쳐 나온 곤충을 잡아먹어. 소방관은 불이 붙기 시작한 숲에서 새나 곤충과 같은 작은 동물들이 날거나 뛰쳐나오는 것을 종종 본대.

우리나라의 검정넓적비단벌레도 불탄 나무에 알을 낳아.

산불 용어 풀이

수액: 나무에서 나오는 끈끈한 액체.

파이어딱정벌레

산불이 하는 일

산불이 지나가고 햇빛이 다시 숲을 비추면
식물이 새로 자라나기 시작해.

산불은 큰 피해를 주지만 **생태계**에 중요한 역할을 하기도 해. 어떤 숲은 나무들이 너무 촘촘하게 자라서 숲 바닥까지 햇빛이 닿지 않아. 그러면 햇빛을 보지 못하는 키 작은 식물들은 살아남기 어렵겠지? 그런데 산불이 난 뒤에는 빽빽했던 나무 사이에 틈이 생겨나. 비로소 큰 나무와 땅바닥 쪽의 씨앗과 풀, 꽃이 두루두루 잘 자랄 수 있어.

또 산불은 땅에 쌓여 있던 낙엽과 죽은 식물을 태워. 이렇게 만들어진 재는 흙에 **영양분**을 주어 식물을 잘 자라게 하지. 그리고 산불은 식물을 해치는 벌레와 병든 식물을 태워 없애서 숲을 건강하게 해.

산불 용어 풀이

생태계: 어떤 환경 안에서 사는 모든 생물과 무생물을 이르는 말.

영양분: 생물이 살아가고 자라나는 데 필요한 물질.

숲을 이롭게 하는 산불의 역할이 더 있어.
어떤 나무는 불의 뜨거운 열기가 있어야
씨앗을 퍼트릴 수 있거든.

산불로 높은 나뭇가지까지 열이 다다르면,
그 열에 솔방울 열매를 감싸고 있는
반질반질한 겉면이 녹아. 그러면 솔방울이
열리면서 속에 있던 씨앗이 땅에 떨어지는
거야. 산불이 지나가고 나면, 숲에는 새로운
소나무가 싹을 틔워.

닫힌 솔방울

로지폴소나무의 솔방울

열린 솔방울

미국 로키산맥의 숲이 불탄 자리에
소나무가 새로 자라고 있어.

넓디넓은 숲이 많은 미국에서는 숲을 잘 관리하기
위해 산불을 이용하기도 해. 지역을 정해서
일부러 산불을 내고, 2~3일 뒤에 끄는 거야.

예전에는 산불이 얼마나 중요한지 알지 못했어.
소방관들은 산불이라면 크든 작든 전부 끄고 봤지.
하지만 숲이 건강하려면 산불이 필요하다는 사실이
밝혀졌어. 이제는 주변 지역에 피해를 끼치지 않는
산불은 끄지 않고 내버려 두기도 해.

산불 용어 풀이
화재: 뜻밖의 사고로 일어난 불.

때로는 산에 일부러 불을 내기도 해. **화재** 전문가가
어디에 언제쯤 산불이 필요할지 알려 주면,
소방관이 그곳에 불을 냈다가 끄는 거야. 그러면
탈 물질이 줄어서 나중에 산불이 나더라도 크게
번지지 않거든.

6 가지 산불에 관한 놀라운 사실

맙소사, 매년 전 세계에서 약 10만 건의 산불이 일어난대!

1

2

앗 뜨거워! 산불의 불꽃은 800도를 가뿐히 넘겨.

어떤 딱따구리는 불타 버린 나무를 쪼아 둥지를 틀어. 딱딱딱딱!

3

휘이이잉!
산불은 토네이도 같은
거센 바람을 일으켜.

미국에서는 불이 난
곳의 숲, 강, 도로 등의
이름을 따서 산불
이름을 지어. 골짜기
'만(Mann)'에서 불이
나자 '만 골짜기 산불'
이라고 이름 붙였지.

산불이 다섯 건 일어나면,
그중 네 건은 사람의
실수 때문에 일어나.
자나 깨나 산불 조심!

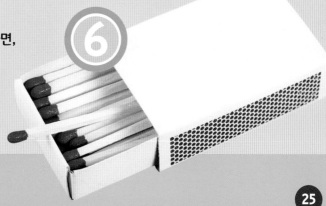

산불은 우리에게 맡겨!

걷잡을 수 없이 커진 산불은 너무나 위험하기 때문에
되도록 빨리 꺼야 해. 이럴 때는 산불 진화 대원이
재빠르게 나서지. 산불 진화 대원은 산불을 끄기
위해 특별한 훈련을 받은 전문가야.

산불 용어 풀이

방화선: 불이 번지는 것을 막기 위해 불에 타는 것들을 없애 띠 모양으로 비운 구역.

산불 진화 대원들이 방화선을 만드는 모습이야.

산불 진화 대원들은 수풀을 치우고 땅을 길게 파서 **방화선**을 만들어. 불이 옮겨붙지 않도록 탈 물질을 없애는 거야. 방화선에 다다른 불이 더 이상 태울 게 없으면 꺼지고 말 테니까.

미국에는 '핫샷 크루'라고 불리는 산불 전문
소방대가 있어. 우리나라에는 '산불 특수 진화대'가
있지. 이런 산불 진화 대원들은 밤낮을 가리지 않고
산불이 일어나면 가장 먼저 출동해.

미국의 핫샷 크루, 우리나라의 산불 특수 진화대 등은 특별한
소방관이야. 산불을 잘 끄기 위해 전문적인 훈련을 받지.

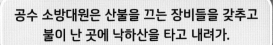
공수 소방대원은 산불을 끄는 장비들을 갖추고
불이 난 곳에 낙하산을 타고 내려가.

화염 토네이도

불이 나는 동안 바람이 거세게
불면, 공기가 빠르게 돌면서
기다란 회오리 기둥을 만들어.
불기둥이 소용돌이치는 모습이
마치 토네이도를 닮았다고 해서
화염 토네이도라고 부르지.
이 무시무시한 화염 회오리는
20분 안에 빠르게 사라져.

그중에서도 공수
소방대원은 하늘을
나는 소방관이야!
비행기에서 뛰어내려
낙하산을 타고 산불이
난 장소에 곧바로
도착하지.

깜짝
과학
발견

화염 토네이도의
중심은 1000도를
훌쩍 넘기도 해.

헬리콥터가 불이 난 곳에 물을 퍼붓고 있어.

비행기가 난연제를 뿌리는 모습이야.

큰불이 났을 때는 공중에서도 불을 끄려고 노력해.
헬리콥터는 한 번에 물을 수천 리터씩 싣고서
불이 난 곳에 쏟아붓지. 비행기로 붉은색 **난연제**를
뿌리기도 해. 이 물질로 아직
타지 않은 곳을 덮어서
불이 번지지 않도록
막는 거야.

산불 용어 풀이

난연제(방연제): 불이
번지는 것을 막거나
늦추는 물질.

산불 사진가 마크 티센

내셔널지오그래픽의 사진작가인 마크
티센은 산불을 제대로 촬영하기 위해
정식으로 소방 교육을 받았어. 마크 티센은
아래처럼 생생한 산불을 찍으려고 활활
타오르는 산속을 뚫고 차를 몰기도 한대.

소방관의 준비물은?

소방관은 산불을 끄기 위해 특별한 도구들을 사용해.

도끼 겸용 곡괭이: 한쪽은 도끼, 반대쪽은 곡괭이로 되어 있어. 이 도구를 쓰면 방화선을 빠르게 팔 수 있지.

방화복: 소방관들이 입는 옷과 신발, 장갑 등은 무려 400도에서도 타지 않으면서 가볍고 튼튼한 소재로 만들어.

장비 가방: 식량과 물, 간이 텐트, 조명탄 등이 들어 있는 가방이야. 장비를 다 챙기면 13~22킬로그램 정도 되지.

펠릿: 산불을 낼 때 써. 펠릿 안에는 불을 일으키는 화학 물질이 들어 있어. 공중에서 떨어뜨리면 조금 뒤에 불이 붙지.

산불 전문 소방차: 거친 산길도 잘 달리게끔 만든 특수한 소방차야. 소방관 5명과 물 약 3000리터를 깊은 산속까지 실어 나르지.

기록적인 거대 산불

어마어마한 피해를 끼친 대형 산불이 전 세계
곳곳에서 일어났어.

미국: 1871년 위스콘신주
페시티고에서 일어난 화재
때문에 약 6000제곱킬로미터가
불타고 1500명이 넘는 주민이
사망했어.

남아프리카 공화국: 2024년
케이프타운에서 일어난 산불
때문에 마을 주민 800여 명이
달아나는 소동이 벌어졌어.

러시아: 역사상 가장 큰 화재 중 하나로 꼽히는 2003년 시베리아 산불 때는 무려 19만 제곱킬로미터가 불길에 휩싸였어. 불이 난 땅이 너무 넓어서 인공위성으로 살펴야 했지.

오스트레일리아: 1939년 1월 빅토리아주에서 일어난 산불로 약 2만 제곱킬로미터가 불탔어. 이때 생긴 재가 바다 건너 뉴질랜드까지 날아갔을 정도래.

산불이 꺼진 숲

산불이 사그라지면 숲은 바빠져. 불탔던 식물이
새싹을 틔우기 시작하거든. 땅에는 영양분이
풍부해지고, 햇빛은 숲의 구석구석을 비추지.
덕분에 새싹들이 무럭무럭 자라나.

산불이 날 때마다 숲 전체가 불타는
건 아니야. 숲의 좁은 부분만
타고 말기도 하니까. 때로는
나무가 뜨거운 불길
속에서 살아남기도 해.
땅바닥 쪽의 불길이
나무 위쪽까지
미치지 못하기도
하고 말이야.

Q 산불이 가장 싫어하는 운동은? 윤수 A

식물이 숲에 다시 자리를 잡으면 뒤이어 동물들이
돌아와. 새로 활짝 핀 꽃은 곤충과 새를 비롯한 여러
동물을 끌어들이지. 이 동물들은 식물의 씨앗을
퍼트려 주어. 숲이 조금씩 예전 모습을 되찾는 거야.

산불이 지나간 숲에 동물들은 보금자리를 마련해.
새들은 나무에 둥지를 틀고, 곤충들은 나무껍질에
알을 낳지. 이야, 어느새 숲이 살아났어!

산불 연구하기

산불에서 자연과 사람을 지키려면
어떻게 해야 할까? 전 세계 여러 나라의
소방과학연구소에서는 산불을 연구해. 산불을
더 안전하게 막으려고 말이야.

소방과학연구소에서는 매캐한 연기가 동식물에
어떤 영향을 미치는지, 불이 어떻게 번지는지,
산불이 생태계에 어떤 영향을 미치는지 등을
연구해. 또 산불을 끄는 데는 어떤 화학 물질이
효과적인지 실험하고, 새로운 소방 장비들을
만들어 내기도 하지. 산불에 대해 많이 알수록
자연과 사람을 더 안전하게 지킬 수 있어.

미국 몬태나주에 있는 미줄라 소방과학연구소의 과학자들이 바람을 일으키는 장치를 이용해 불이 어떻게 커지는지 실험하고 있어.

자연에서 일어나는 모든 산불을 막지는 못해. 하지만 사람이 실수로 내는 산불은 예방할 수 있어! 산불 예방에 도움이 되는 방법을 함께 알아볼까?

✓ 건조한 날에는 야외에서 불을 피우면 안 돼.

✓ 모닥불은 정해진 장소에서만 피워야 해.

✓ 어른의 도움 없이 야외에서 불을 피우면 안 돼.

✓ 야외에 불을 피워 놓은 채 자리를 뜨지 마.

✓ 자리를 뜨거나 자기 전에 불을 완전히 꺼 줘.

✓ 주변에 사람이 없는데 불이 나거나, 불을 끌 수 없으면 곧장 119로 연락해.

산불 지킴이 스모키 베어

미국에서는 스모키 베어라는 아주 유명한 캐릭터가 산불 예방 공익 광고를 해. 1944년에 처음 등장했지. 스모키 베어는 각종 포스터, 영상, 전시 등으로 사람들에게 조심성 없는 행동이 산불로 이어질 수 있다는 사실을 일깨워 줘.

명심하세요 – 오직 당신만이
산불을 예방할 수 있습니다.

오직
당신만이
산불을
예방할 수
있습니다.

스모키 베어

스모키 베어

깜짝 과학 발견

2024년에 80번째 생일을 맞아 스모키 베어의 목소리는 새로워졌어.

도전! 산불 박사

퀴즈로 과학 실력을 좀 높여 볼까? 퀴즈를 풀고 나서 45쪽 아래에 있는 정답을 확인해 봐.

다음 중 연소의 세 가지 조건이 아닌 것은?
A. 열
B. 탈 물질
C. 물
D. 산소

산불을 피하지 않고 찾아다니는 동물은 무엇일까?
A. 여우
B. 파이어딱정벌레
C. 개미
D. 사슴

나무 꼭대기까지 태우는 산불의 종류는?
A. 지표화
B. 수관화
C. 지중화
D. 발화

낙하산을 타고 산불이 난 곳으로 내려가는
소방관을 뭐라고 부를까?
A. 핫샷 크루
B. 공수 소방대원
C. 소방 특수 대원
D. 비행 소방대원

4

산불이 꺼진 뒤 식물이 더 잘 자라는 이유는?
A. 땅에 영양분이 풍부해져서
B. 비가 더 자주 내려서
C. 그늘이 많이 생겨서
D. 나무 꼭대기는 타지 않아서

5

6

스모키 베어가 외치는 산불 예방 구호는?
A. 소방관은 여러분의 친구입니다.
B. 오직 당신만이 산불을 예방할 수 있습니다.
C. 불을 피해 달아나세요!
D. 불은 어디서나 일어날 수 있습니다.

7

산불을 예방하려면 어떻게 해야 할까?
A. 건조한 날씨에는 불을 피우지 않기
B. 자리를 뜰 때는 불을 완전히 끄기
C. 어른의 도움 없이 모닥불 피우지 않기
D. A~C 전부 다

정답: ①C, ②B, ③B, ④B, ⑤A, ⑥B, ⑦D

꼭 알아야 할 과학 용어

산불: 산에 난 불로, 끄기 어려운 큰불로 번지기 쉬움.

발화: 불이 일어나거나 타기 시작함.

연소: 물질이 산소와 만나 빛과 열을 내며 타는 것.

탈 물질: 타는 데 에너지가 되는 물질.

산소: 공기의 주된 성분으로, 사람과 동식물의 생활에 꼭 필요한 기체.

수관화: 나무의 가지나 잎이
우거진 부분을 태우는 산불.

생태계: 어떤 환경 안에서 사는
모든 생물과 무생물을 이르는 말.

영양분: 생물이 살아가고
자라나는 데 필요한 물질.

화재: 뜻밖의 사고로 일어난 불.

방화선: 불이 번지는 것을 막기
위해 탈 물질을 없애 비운 구역.

난연제(방연제): 불이 번지는 것을
막거나 늦추는 물질.

찾아보기